Celui qui peut comprendre comprendra.

Celui qui ne sait pas laissera cela ici sans blâme.

Je n'ai rien écrit pour lui.

J'ai écrit pour mois même.

Jacob Böhme

Nous remercions

Nos amis Corses qui nous aident avec bons conseils et de la bonne nourriture. Ainsi nous pouvons écrire ces livres et trouver les pensées avec le plus grand plaisir en ce petit hameau de Pevani ou nous passons nos vacances.

La maison d'édition BoD qui par sa conception permet de publier des idées non conventionnelles.

.

U.W. Geitner

L'Ombre a l'Univers

La Structure des Particules Élémentaires XII f

Copyright avril 2017 Uwe Geitner

Impression et Édition Books on Demand GmbH, Paris France

Le livre a été produit en technique On-Demand

ISBN 978-2-3220-9556-8

BoD est membre de l'Association Boursière des libraires allemands

Table des matières

1 Introduction	6
2 Modèles de l'univers	7
3 Les quanta d'origine	8
3.1 Les propriétés des quanta d'origine	10
3.2 La conséquence : L'impulsion	11
3.3 Le coup premier	13
4 L'évolution des quanta	15
5 Conception générale unifiée	18
5.1 Les charges	18
5.2 Les champs quantiques	19
5.3 Les valeurs des forces	22
6 Résumé	24
Livres du même auteur	27
Glossaire	28

1 Introduction

Le tome 12 pose la question, quels sont les plus grands miracles de l'univers et quelles sont les plus grandes fautes d'esprit humain. Une faute est bien éclairé entre temps : L'homme a l'habitude de se regarder le centre du tout :
  Au début c'était le monde
  D'après le système solaire
  D'après notre galaxie
  D'après l'univers
Aujourd'hui on est prêt d'imaginer plusieurs mondes comme la notre avec la vie intelligente. De même on devrait supposer plusieurs univers : le multivers ou bien les multivers ? Il y en a des idées alternatives qui nous voulons décrire brièvement au chapitre suivant. En avant il nous faut indiquer que nous allons un peut plus loin par ce tome 12f que au tome 12d (édition allemande) : (Bien à la mode) nous avons appliqué des quanta d'espace et du temps là. Ici nous discuterons aussi les questions :
  Comment ces quanta sont ils générés
  De quoi est ce qu'ils existent

Ces pensées nous conduisent directement aux idées alternatives de la naissance de l'univers :

2 Modèles de l'univers

L'univers cyclique

L'idée la plus simple pour expliquer l'existence de l'univers est la supposition que l'univers existe toujours. Il change de temps en temps et poursuit plusieurs stades de régénération. Ils peuvent se produire identiques ou différentes.

L'origine et la fin sont du néant

Selon la règle de la raison et chaque procès et chaque objet existent à cause d'une raison. Ainsi les objets « premières » (de l'univers) sont une chaîne infinie ou la première raison a son origine au néant. C'est la même avec les objets « dernières ». La chaîne infinie se trouve bien proche à l'idée de l'univers cyclique.

La raison c'est Dieu

C'est cela que la religion chrétienne et beaucoup des autres religions propagent. Dieu lui-même est un sujet ou objet dehors des règles de la physique ou mathématique ou pareilles.

Un bilan provisoire

Tous les modèles sont similaire : On cherche la raison mais on ne sait pas une solution absolue. En plus il faut constater que les idées sont bien similaire : La chaîne infinie (mod. 1) est bien proche au néant (mod. 2) et le néant n'est pas loin de Dieu (mod. 3) qui n'existe pas et qui existe quand même, qui a crée le néant et le tout..

3 Les quanta d'origine

Les tomes précédents nous avons toujours regardé des points comme les « objets » les premières. Des points physiquement sont rien. Ils transforment le néant en un néant « structuré ». Par cette transformation on peut construire les ondes.

Actuellement les quanta d'espace et du temps sont en vogue (Bojowald, Turok, Steinhardt). En tome 1 on les a nommé les quanta d'origine. Afin d'user ces quanta il faut au début expliquer ce que c'est : l'espace et le temps

Le temps

La condition pour ce que le temps soit « utile » c'est que deux objets soient en mouvement relatif. Alors il faut au moins deux. espaces (objets) d'un mouvement relatif. Des ceux on peut juger : mouvait ou ne mouvait pas. Pour constater la vitesse il faut un troisième espace (objet) pour comparer. Ainsi on peut formuler : Pour le temps il faut l'espace « structuré ». Structuré veut dire que l'espace devrait avoir quelques propriétés : au moins deux objets…

Un nuage des points   un nuage des points
=> rien   => rien

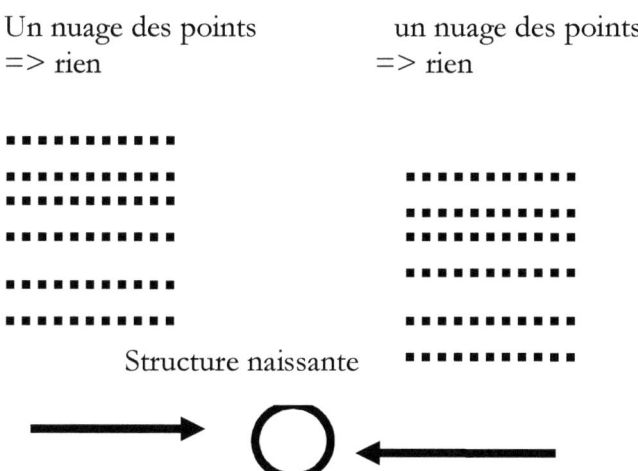

Structure naissante

la densité augmente, la vitesse se réduit

L'impulsion créé

Image 3.1:   Création d'impulsion

L'espace

La condition pour ce que l'espace soit « utile » c'est que l'espace contient au moins un objet (un autre espace). Sans cela c'est insensé, il n'existe pas que en esprit humain. De plus cette espace second doit avoir un mouvement relatif dans l'espace primaire. Sans cela les deux espaces n'existent pas que en esprit humain. Ainsi on peut formuler : Pour l'espace il faut l'espace « structuré ». Structuré veut dire que l'espace devrait avoir quelques propriétés : au moins un objets d'un mouvement…

Ainsi on peut conclure que et le temps et l'espace sont nécessaire l'un à l'autre pour s'expliquer. Ils ne peuvent exister que à deux. Cette déduction peut bien affirmé par l'expression spéciale « l'espace temps ». Au lieu de quanta « de l'espace et de temps » on applique l'expression « d'origine ». C'est plus court et plus déclaratif. .

3.1 Les propriétés des quanta d'origine

Le quantum d'origine doit représenter la plus petite « objet ». Ainsi il doit être :
  D'un espace > 0
  Indivisible
  Impénétrable
  (nous ajouterons :d' un mouvement > 0)
Appliquant le théorie des quanta on peut demander :
  Il peut se superposer mais pas annihiler
  Son existence est déterminée par la probabilité
  La probabilité est conditionnée par les événements

Ca nous conduit à la rôle du temps. Elle est conditionnée par « l'extension » de l'espace : en termes des quanta : par l'onde.

Son « dureté » est   > 0
La fréquence est < oo
L'onde est indivisible

De plus nous acceptons les règles les plus importants comme :
La règle de la raison : chaque événement ou objet a son raison
La règle de conservation de tous
En le néant et en l'infinie tous les valeurs sont 0 ou oo

3.2 La conséquence : l'impulsion

Si un quantum d'origine entre en collision avec un autre, que est ce que se produit ? Comme les quanta d'origine ne peuvent pas se diviser ni dissiper et il faut conserver le mouvement. Le quantum n'a pas une outre chance que de passer son mouvement à son adversaire. Par ce que il n'existe pas une structure interne, il faut suivre les règles de la collision non élastique.

Sans le intenter nous sommes déjà arrivé au terme de la masse : impulsion = masse x   vélocité. La masse est représenté par l'espace de quantum, ou mieux formulé : le nombre des quanta détermine la masse. Si la vélocité reste inchangé, l'espace ainsi détermine l'énergie = masse x v exp 2. Or il faut interpréter correctement : il ne comte que l'espaces des quanta d'origine, ca veut dire : le nombre de ces quanta, le vacuum ne compte pas.

C'est bien plus facile d'arriver au terme de la masse par le modèle des quanta d'origine que par celui des points. Or avant d'utiliser ce relâchement il nous faut expliquer comment les collisions se peuvent produire.

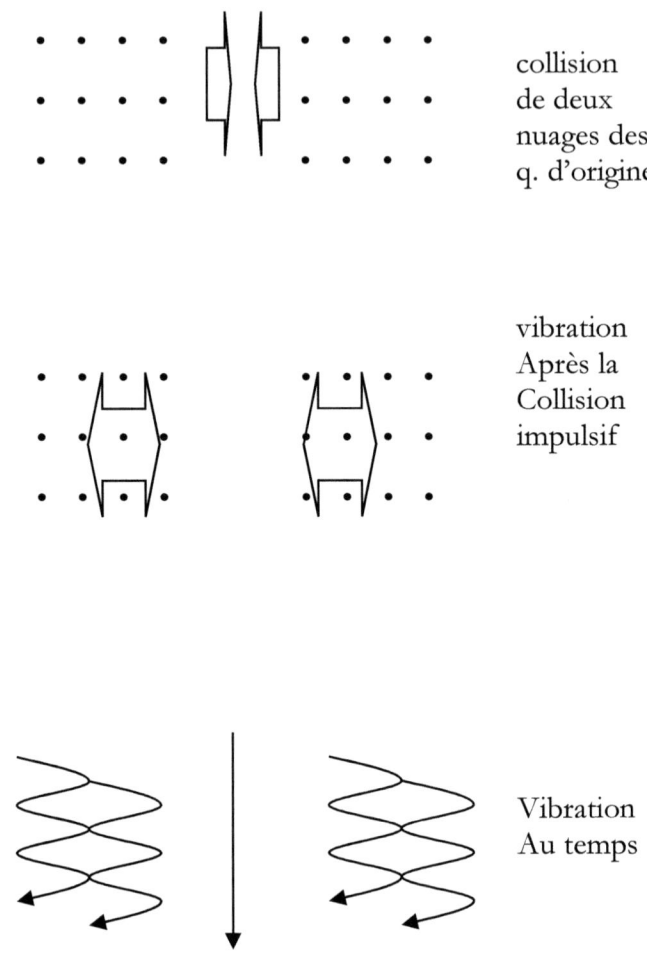

Image 3.2: Génération d'une onde

3.3 Le coup premier

On commence au néant. Il faut respecter que tous les termes ont les valeurs 0 ou oo. Nous avons créé le terme « structuré » pour des néants qui sont caractérisé par des éléments abstracts. En un néant de cette manière on peut poser un quantum ou un nuage des quanta ou même plusieurs nuages selon ils restent abstracts et ont la quantité 0 ou oo. De plus tout reste rien selon ne se bouge rien.

Comment alors peut on supposer des mouvements ? Comment mouvoir des nuages infinis ? La vitesse 00 est bien permit et plusieurs régions infinies entourées des espaces infinies sont bien permit en la mathématique. De plus il faut regarder que ces éléments abstracts sont des quanta qui existent et n'existent pas. (Schrödinger). La règle d'incertitude (Heisenberg) peut augmenter un petit début qui se produit par hasard. Ainsi c'est possible que deux nuages puissent entrer en collision. Selon notre explication ils n'ont pas une autre possibilité que de tomber en quanta d'origine.

Image 3.3: Nuages des quanta d'origine

vitesse = ∞, espace = ∞
distance = ∞ ...

4 L'évolution des quanta

Les quanta ce sont « normalement » les particules élémentaires. Nous avons apprit qu'ils existent des autres quanta p.e. les quanta d'espace et de temps (quanta d'origine). Il est bien sur que ces quanta ne sont pas nées tout à coup mais qu'ils se sont développés en plusieurs étapes. Pour éclairer ce procès nous avons crées plusieurs niveaux des quanta depuis tome 1. Le premier niveau et réalisé par les quanta d'origine. Ils produisent des collisions avec des autres – en groupe ou seul – et ainsi produisent des autres quanta avec des propriétés différentes qui sont utile au combat de survivre.

Pour la plupart des physiciens les particules élémentaires sont des points. Or il est bien accepté que les particules sont composées des ondes. Ils forment des groupes des ondes. On sait bien qu'une seule particule peut activer 4 forces pour agir et réagir. Un point ne le peut pas.

Le tableau suivant devrait servir comme un exemple d'une construction des particules. Nous avons expliqué les détails aux tomes précédents. Les particules sont des fermions (masse inerte > 0) et des bosons (masse inerte = 0). Une particule suivante contient toujours les éléments de la particule précédente. Ainsi cela est un système bien simple qui nous permet de comprendre plus facilement les propriétés et réactions des particules.

.

Niveau	propriétés des quanta	habilités
Q d'origine	l'espace et le temps	mouvement (énergie)
Q primaires	plusieurs Q d'origine (masse)	naissance des ondes
Q secondaires	plusieurs Q primaires	matériaux des part. élémentaires
Particules élémentaires (= model standard)	groupe spéciale plus groupe basé	4 forces à agir et réagir

Image 4.1: Évolution des Quanta

Construction des Fermions

Onde charge1 **C1**
Onde charge 2 **C2**
Onde du spin **S** : !/2

Neutrino   Électron   Quark

C1 C2 S   C1 C2 S (électr)   **C1 C2 S** (fort)
             C1 C2   (faible)   **C1 C2**   (électr)
                                       C1 C2   (faible)

Construction des Bosons

Onde charge **C**
Onde du spin **S** : 1

Le graviton   le photon   le gluon

1 S (impuls)   **C1 C2 S**(électr)   **C1 C2 C' S** (fort)

Image 4.2 : Construction des particules

5 Conception générale unifiée

Nous avons montré la naissance du mouvement des quanta primaires et nous avons déduit l'évolution des quanta du modèle standard. De cette position on devrait déduire l'opération des forces et expliquer leurs valeurs différentes. Pour cela nous seulement décrivons les forces (charges) différentes et ainsi nous découvrons les manières unifiées :

Nous suivrons « le théorie quantique des champs» bien accepté: Au début un résumé des champs des forces:

5.1 Les charges

Force	trans mission	Pôle	charge émetteur	charge récepteur	particule élément.
électro magnet	file de q	+, -	const.	const.	électron ,quark
forte	file de q	couleur anticou.	const.	const.	quark
faible	charge	un	0	1	neutrino, élec, quark
gravi tation	file de q d'origine	un	const.	const.	fermions

Les charges de deux pôles

Ce sont l'électromagnétisme (électron) et la force forte (quark). Pendant l'activité de les forces les charges d'émetteur et de récepteur restent absolument constantes. L'activité est produit toujours par deux files des quanta : plus et minus. Les files sont permanente active. On peut bien mesurer les effets or les charges restent constantes. D'où sont ils provisionnés alors ?

Les charges d'un seul pôle

La force faible agit complètement différente : la charge n'est pas transporté par des files de quanta mais par la charge elle-même. Ainsi les charges des émetteur et récepteur sont changées. (La force forte aussi connaît une procédure similaire).

La gravitation (force de massivité) agit par de files des quanta mais d'un seul pôle. La charge, la masse, reste toujours constante. Cette file unidirectionnelle devrait consister des quanta qui sont proche des quanta d'espace et du temps.

5.2 Les champs quantiques

La valeur de la source ne change pas, ni celui du destinataire. Or les quanta des champs sont produit sans cesse en tous les directions. Supposons la fréquence de particule soit 10 exp 50. Ainsi le nombre des quanta émis devrait être similaire ou bien plus haut. Si l'onde de la force (la source) produirait ces quanta, elle serait épuisé en peu du temps. La source doit être un réservoir presque infini qui procure ces ondes sans cesse. À la discussion de l'évolution nous avons nommés des niveaux différentes des quanta. Les propriétés nécessaires sont : réservoir infini, masse inerte = 0 … Ce sont les quanta d'origine et ceux primaires qui ont l'air d'être juste. Ceux d'origine sont assez nombreux (oo) mais il est difficile de juger leur flexibilité par ce qu'ils doivent être adaptés à des spécifications des charges différentes. Probablement ce n'est pas seulement l'onde de la force mais aussi celui du spin, qui font l'adaptions.

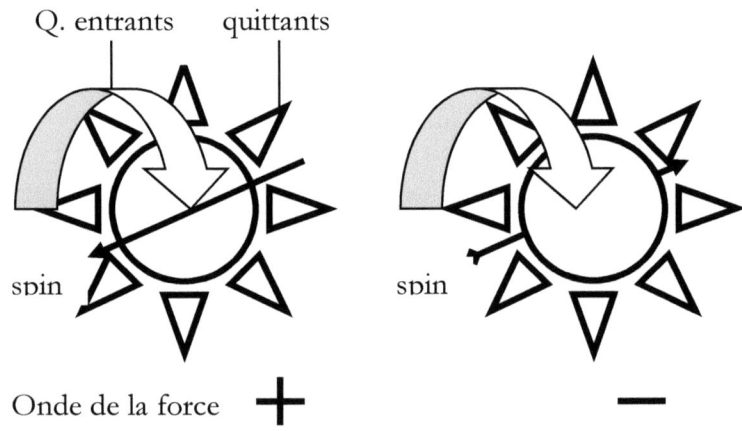

Image 5. 1 **Un champ quantique**

Nous avons expliqué les champs quantiques. Or, comment est ce que les quanta (d'origine) tombent permanent dans les ondes des forces ? La quantité des quanta d'origine est infinie De plus ils sont bien comprimés par ce qu'ils remplacent l'espace (en avant le vacuum vide) complètement par des « particules » d'une extension similaire d'un point. Ainsi les quanta « cherchent » les places vides, les trouvant á les ondes des forces. Ces ondes fonctionnent comme la trappe potentiel d'électron : les ondes de la force (plus spin…) poussent les quanta qu'ils reçoivent en toutes les directions ainsi produisant un vacuum interne qui attire des quanta primaires neuves. On peut conclure : c'est le vacuum qui est l'autre pôle de la masse. Plus tard nous montreront encore une fois pourquoi les quanta d'origine sont les précurseurs de la masse et même de l'énergie.

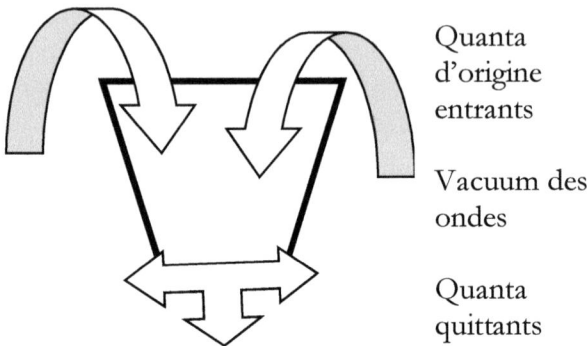

Image 5.2   La trappe vacuum des ondes des forces

5. 3 Les valeurs des forces

On a bien déduite l'unification des forces. Même la masse (quantum d'origine) utilise la dite principe. Seulement la force faible agit différente, qui était facile à montrer et à expliquer. Or il y a grand différences des valeurs :(électricité = 10 exp 40 x valeur de la gravitation). Et les valeurs des masses inertes des particules?

La masse inerte des fermions et des bosons

Essayons premièrement de trouver la réponse pourquoi la masse inerte des fermions > 0 et cela des bosons = 0 ? Selon le chapitre précèdent les fermions devrait avoir une trappe (un potentiel) de vacuum, les bosons ne l'ont pas. C'est jusque comme ça : tous les fermions ont des ondes des forces qui produisent des champs quantiques, les bosons ne produisent pas ces quanta. (Or le W et Z boson possèdent la masse inerte, ils transportent toute la charge, une trappe de vacuum aussi).

La massivité des particules élémentaires

Secondairement : comment peut on expliquer les valeurs différentes des particules. Depuis le tome 1 page 44 nous avons trouver la relation suivante sans avoir eu une explication : la masse (en eV) = 10 exp 2n (un peu différente en le tome anglais). Le chiffre n symbolise le nombre des niveaux des ondes de la particule. Or chaque niveau consiste de deux quanta primaires, de ce raison il faut multiplier par 2n. Nous imaginons que chaque onde produit des collisions avec les ondes primaires. Ainsi le premier niveau produit 420 collisions des quanta d'origine avec le quantum primaire de la particule. Les quanta d'origine qui ont passés leur impulsion à l'onde de la particule (=l'onde de la force du premier niveau) ont perdues leur vitesse mais pas leur existences. Ils sont les voisins neufs de l'onde de la particule et ils attendent comme eux les collisions des quanta d'origine. Pour n niveaux ce sont 2n x 10 exp 2n.

Le nombre des collisions par onde (étapes des collisions) est limité par les niveaux par ce que le niveau agit comme réservoir des ondes de la particule. Or le chiffre 10 est une supposition qui quand même reproduit bien les valeurs connues des particules. Comme les quanta primaires sont les précédents de la masse on peut bien accepter qu'ils décident la masse des particules.

Niveau de la structure de particule

1	1	2	2	3

Nombre de l'onde primaire

1	2	1	2	1

étape des collisions						somme
1	10	10				**20**
2	100	100	100	100		**420**
3	1000	1000	1000	1000	1000	**5420**
4	10000	10000	10000	10000	10000	**54200**
5	100000	100000	100000	100000	100000	**542000**
6						

Image 5.3 : masse => nombre des collisions => eV
exemple électron (0,5 meV)

Or le calcul est moins simple par ce que les particules sont construites plus complexes que nous voulons expliquer ici. Selon notre calcul une augmentation corresponde à une collision. Or c'est n'est pas étonnante : Nous avons trouvé la formule en regardant les valeurs (en eV) de la réalité physique. Cela est une mesure pour la masse. Ainsi la question prochaine se pose : quel est l'effectivité d'une telle collision dune onde d'origine avec une onde primaire ? La constante de Planck se représente ici. Regardons elle : $6 \times 10\exp -34$ Jsec (joule secondes, joule = Newton mètres = kp m/sec x sec) . Multipliant par la fréquence d'un particule ($10 \exp 20$ f/sec) l'unité de sec est éliminé est le valeur se réduit à $6 \times 10\exp -14$ J. Cela est presque le valeur d'un eV exprimé en J (joule) . La conclusion est aussi prenante que elle est étonnante : le quantum d'origine transporte par chaque collision le valeur de la constante de Planck. Cela soit interprété : chaque oscillation de l'onde primaire cause une collision de la valeur h. En principe cela nous fait contente mais ils restent des questions qui nous ne pouvons pas répondre : Au moins au début de l'univers la vitesse devrait eu été bien sur le niveau de c (vitesse actuelle de la lumière). Cela change beaucoup l'impulsion et cela change aussi la valeur de la constante de Planck. Or le résultat est intéressant, il nous montre un sentier á les quanta d'espace et du temps, et il nous signalise que l'origine de la masse soit l'espace

On peut ajouter une réflexion complémentaire : une onde primaire de la particule entre en collision avec un quantum d'origine avec une probabilité définie. Elle corresponde à la possibilité de la collision de deux points. Or elle est gravement augmenté par les niveaux suivantes (des ondes n exponentiellement : $10 \exp 2n$).

Les constantes de couplage

Troisièmement nous regardons la relation de couplage des forces. Les champs (les fils des quanta) sont formé par des quanta qui causent la masse : les quanta d'origine. Alors on peut supposer que la force de couplage est en relation avec la masse inerte des particules. Pour l'électricité (l'électron) et la force forte (quark) c'est à peu prêt comme ça : la relation et de la masse et du couplage se trouve entre 10 et 100.

Or la force de couplage de l'électricité est 10 exp 40 plus fort que cela de la masse d'un électron. Comment ? Nous avons trouvé que la masse des particules = 10 exp 2n, n soit le nombre des niveaux. Si n = 20 le résultat serait 10 exp 40. Mais les particules au maximum ont 2 x 3 = 6 niveaux. La différence peut bien être expliqué par la différence de la probabilité des quanta d' origine de mettre une onde de la particule directement et de mettre son rôle comme quantum du champs : La collision directe, qui cause la massivité, a une probabilité similaire à la collision des deux points. La probabilité d'un « accouchement » à une onde en fonction d'un quantum du champ, sans collision directe doit être bien élevé. En cette imagination 20 niveaux imaginés d'une particule sont bien modestes

Ainsi nous avons présenté une orientation pour les forces d'une conception uniforme. Les résultats sont en bien accord avec les chiffres connus. Ils expliquent bien les différences sans montrer les détails donnant une imagination du principe du fonctionnement.

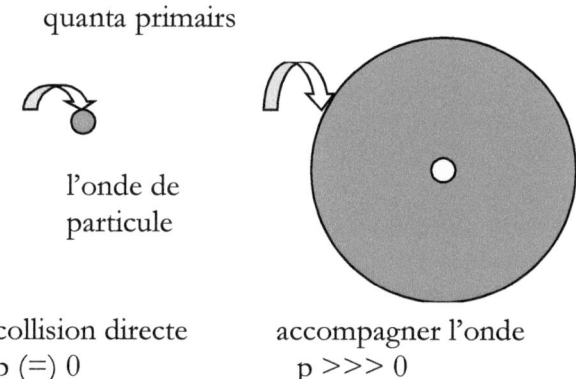

Image 5. 4 Probabilité p de mettre l'onde

6 Résumé

Nous avons construit l'univers des quanta d'espace et du temps. On a montré que

Ces quanta portent l'impulsion
L'impulsion est égale à la quantité des quanta (et d'espace si la vitesse est la même)
Les quanta de l'espace et du temps sont les porteur de la masse
La mass et l'énergie (vitesse constante) est causé par l'espace - le nombre des quanta d'origine
« L'autre » « pôle » de la masse est le vacuum.

Nous avons construit l'univers du néant. Pour le début et la fin d'un univers nous avons postulé un changement de règles de la conservation et de la raison. Et le début et la fin demandent une adaptions des règles. Ainsi c'est n'est pas une singularité.

Formellement nous avons résolue (presque) tous les ombres. Ca n'empêche pas mon esprit de signaler que l'univers – les univers – sont trop complexes pour l'esprit simple de l'homme.

Livres du même auteur

Das Innenleben der Elementarteilchen. Bod.de 2008

Structure of Quantum I. Amazon.com 2010

Das Innenleben der Elementarteilchen II. Felder, Ladungen, Kräfte. Bod.de 2009

La structure des Particules élémentaires III. Le Néant le Tout et Dieu. Bod.fr 2me ed. 2012

Structure of Quantum IV General Model. Bod.de 20010

Das Innenleben der Elementarteilchen V. Detailmodell. Bod.de 2010

La structure des Particules Élémentaires VI. Les règles du néant du tout et du Dieu. Bod.fr 2012

La structure des Particules Élémentaires VII. La Naissance de l'Univers Bod.fr 2012

Rätsel der Teilchen und des Universums. Das Innenleben der Elementarteilchen IX d.BoD.de 2013

Der Schlüssel des Universums. Das Innenleben der Elementarteilchen X d.BoD.de 2014

Der Pfad zur Weltformel. Das Innenleben der Elementarteilchen XI d.BoD.de 2015

Schatten im Universum Das Innenleben der Elementarteilchen XII d.BoD.de 2016

Glossaire

boson 17, 23

charge 18f

champ quantique 19f

dieu 7

couplage 19f

fermion 17,23

forces unfiées 18,22
  electro-magnetique 18
  forte 18
  faible 18

gravitation 18,19,23

impulsion 11

masse 11, 19
  inerte 15

particules élément. 15

pôle 19f,23

probabilité 23

quantum 15, 16
  d'origine 8, 10, 15
  d'espace et du ... 8, 15

règle
  de la raison 7, 11
  de la conservation 11

... structuré 10, 13

temps 7, 10, 11

trappe
  du potentiel 21
  de vacuum 22

w boson 23

z boson 23

© 2016, Uwe Geitner

Edition : Edition : BoD - Books on Demand
12/14 rond-point des Champs Elysées, 75008 Paris
Impression : Books on Demand GmbH, Norderstedt, Allemagne
ISBN : 9782322095568
Dépôt légal : juillet 2016